AF457519

ISBN 978-3-662-23868-4 ISBN 978-3-662-25971-9 (eBook)
DOI 10.1007/978-3-662-25971-9

Die in den Sitzungsberichten Abtlg. I und Abtlg. II der math.-nat. Klasse der Österr. Ak. d. Wiss. erscheinenden Abhandlungen werden auch einzeln abgegeben. Sie können durch jede Buchhandlung oder direkt durch die Auslieferungsstelle der Österreichischen Akademie der Wissenschaften (Wien I, Singerstraße 12) bezogen werden.

Nachfolgende Abhandlungen aus dem Fache der **Paläontologie** sind erschienen:

1953 (S I Bd. 162):

Papp A. und Küpper K.: Holothurienreste aus dem Torton des Wiener Beckens (mit 1 Tafel). S 3.—

Papp A. und Küpper K.: Die Foraminiferenfauna von Guttaring und Klein St. Paul (Kärnten). II. Orbitoiden aus Sandsteinen vom Pemberger bei Klein St. Paul (mit 4 Tafeln). S 13.60

Papp A. und Küpper K.: Über Stolonen von Auxiliarkammern bei Orbitoides und Lepidorbitoides (mit 1 Tafel). S 4.—

Papp A. und Küpper K.: Die Foraminiferenfauna von Guttaring und Klein St. Paul (Kärnten). III. Foraminiferen aus dem Campan von Silberegg (mit 3 Tafeln). S 11.30

Sieber R.: Eozäne und oligozäne Makrofaunen Österreichs. S 8.50

1954 (S I Bd. 163):

Bachmayer F.: Zwei bemerkenswerte Crustaceen-Funde aus dem Jungtertiär des Wiener Beckens (mit 1 Tafel). S 6.60

Janetschek H.: Ein neues inneralpines Nunatakrelikt aus einer für die Alpen neuen Gattung (Ins., Thysanura) (mit 12 Textabbildungen). S 5.20

Obritzhauser-Toifl, Hertha: Pollenanalytische (palynologische) Untersuchungen von mehreren organischen Substanzen (mit 6 Textabbildungen). S 30.—

Schremmer F.: Bohrschwammspuren in Actaeonellen aus der nordalpinen Gosau (mit 1 Tafel). S 3.80

Strouhal H.: Isopodenreste aus der altplistozänen Spaltenfüllung von Hundsheim bei Deutsch-Altenburg (Niederösterreich) (mit 7 Textabbildungen und 2 Tafeln). S 10.30

Tollmann A.: Die Gattungen Lingulina und Lingulinopsis (Foraminifera) im Torton des Wiener Beckens und Südmährens (mit 2 Tafeln). S 9.90

Zapfe H.: Die Fauna der miozänen Spaltenfüllung von Neudorf a. d. March (ČSR). Proboscidea (mit 2 Textabbildungen und 2 Tafeln). S 12.30

1955 (S I Bd. 164):

Bachmayer F.: Die fossilen Asseln aus den Oberjuraschichten von Ernstbrunn in Niederösterreich und von Stramberg in Mähren (mit 9 Textabbildungen und 6 Tafeln). S 26.60

Beier M.: Insektenreste aus der Hallstattzeit (mit 4 Abbildungen und 2 Tafeln). S 6.40

Herre W.: Die Fauna der miozänen Spaltenfüllung von Neudorf a. d. March (ČSR), Amphibila (Urodela) (mit 6 Textabbildungen). S 14.80

Kühn O.: Die Bryozoen der Retzer Sande (mit 2 Tafeln). S 14.10

Papp A.: Orbitoiden aus der Oberkreide der Ostalpen (Gosauschichten) (mit 3 Tafeln). S 12.20

Papp A.: Die Foraminiferenfauna von Guttaring und Klein St. Paul (Kärnten): IV. Biostratigraphische Ergebnisse in der Oberkreide und Bemerkungen über die Lagerung des Eozäns (mit 4 Textabbildungen). S 12.20

Plöchinger B.: Eine neue Subspezies des Barroisiceras haberfellneri v. Hauer aus dem Oberconiader Gosau Salzburgs (mit 2 Textabbildungen und 1 Tafel). S 4.40

Tollmann A.: Die Foraminiferenentwicklung im Torton und Untersarmat in den Randfazies der Eisenstädter Bucht (mit 1 Textabbildung). S 6.70

1956 (S I Bd. 165):

Bernhauser A.: Kann intravitaler Befall durch Bohrorganismen an fossilen Fischzähnen nachgewiesen werden? (mit 10 Textabbildungen). S 7.60

Thenius E.: Zur Kenntnis der fossilen Braunbären (Ursidae, Mammal.) (mit 5 Textabbildungen und 1 Tafel). S 17.20

Thenius E.: Die Suiden und Thayassuiden des steirischen Tertiärs. Beiträge zur Kenntnis der Säugetierreste des steirischen Tertiärs. VIII. (mit 31 Textabbildungen). S 25.—

Ein Endocranialausguß von Hipparion sebastopolitanum aus dem Sarmat von Păun-Jași (Rumänien)

Von N. Macarovici & N. Paghida (Jași)

Mit 4 Tafeln und 4 Textabbildungen

(Vorgelegt in der Sitzung am 18. Juni 1964)

1. Der Fundort

Ein Steinbruch auf Sande und Sandsteine des oberen Sarmat in Păun-Jași hat ein großes Material von Hipparion- und anderen Säugetierresten geliefert, von denen einige bereits beschrieben wurden (Macarovici 1958). Darunter haben wir auch den fast vollständigen Schädel eines *Hipparion* gefunden. Er war leider so mit dem Sandstein verbacken, daß er nur partienweise freigelegt werden konnte. Daher blieb nur der linke Oberkiefer halbwegs vollständig erhalten, auf dem man vollzählig, aber schlecht erhalten, die Zahnreihe P 2—M 3 sieht. Vom rechten Oberkiefer blieben uns nur die Zahnreihe P 3—M 3, ferner das Vorderende mit den vollständigen I 1—I 2. Von der Unterseite des Schädels blieb ein ganzer, natürlicher Schädelausguß[1] erhalten.

2. Der Hipparionschädel

Nach Rekonstruktion seiner Dimensionen hatte der Schädel eine Basislänge von 400—420 mm; sie ist also etwas größer als bei *H. moldavicum* Gromova und entspricht eher der Größe von *H. gromovae* Gabunia.

Der linke Oberkiefer wurde fast vollständig gewonnen, aber seine Zahnreihe wurde, obwohl sie vollständig war, bei der Freilegung ganz zerstört. Oberhalb der Zahnreihe sieht man die Spina maxillaris, die auch nur unvollständig erhalten ist. Sie beginnt

[1] Über Entstehung und Bezeichnung „fossiler Gehirne", in Wirklichkeit natürlicher Endocranialausgüsse, vgl. T. Edinger 1929, S. 9—35, Psarianos & E. Thenius 1954, S. 15, E. Thenius & H. Hofer 1960, S. 39—41. Die Verf. sind Herrn Prof. Dr. E. Thenius für die Durchsicht und Korrektur des deutschen Textes zu besonderem Dank verpflichtet.

mit dem vorderen Teil, unmittelbar oberhalb des P4. Die Praeorbitalgrube und die linke Orbita sind völlig vernichtet (Taf. 1, Fig. 2).

Die Zahnreihe wird hier nach den Ergebnissen beider Oberkiefer beschrieben. Ihre Länge beträgt in der Höhe der Kronenbasis 145 mm, was mit jener von *H. sebastopolitanum* übereinstimmt. Die Praemolarenreihe ist (wieder an der Basis der Zahnkronen) 69 mm lang; der Index Molaren : Praemolaren beträgt 91, ist also wenig größer als bei *H. sebastopolitanum* (nach GABUNIA).

Von den Inzisiven (Taf. 1, Fig. 1) sind nur I1 und I2 des rechten Kiefers gut erhalten. Beide sind gekrümmt und etwa 30 mm hoch. Auf ihrer Außenseite sieht man im Email eine kleine Vertikalfurche. Die Zentralgrube ist mit schwach gefältelten Rändern versehen und dem lingualen Rande näher als dem labialen. Ihre Länge beträgt 14—15 mm, ihre Breite 8—9 mm. Erhalten, aber nur als Bruchstück, ist der linke I1, dessen Beschreibung daher wertlos wäre.

Das Diastema hinter dem rechten I3 ist etwa 85 mm lang, aber man sieht keinen Eckzahn.

Die Backenzähne (Taf. 1, Fig. 3) gehören alle dem Dauergebiß an. Der P2 des linken Oberkiefers zeigt nur unvollständig die mesiale Wand (Länge ca. 30, Breite ca. 19 mm). Die distale Seite der vorderen Grube zeigt 5 Emailfalten, die rückwärtige zeigt auf der mesialen 3, und nur 2 kleine Falten auf der distalen Seite. Der Protoloph ist mit dem Protoconus durch eine schmale Falte verbunden, ein Merkmal, das nur beim Dauergebiß von *H. sebastopolitanum* bekannt ist, zumindestens unter allen osteuropäischen Sarmathipparionen. Es tritt sonst nur noch beim P2 von *H. gromovae* VILL. & CRUS. non GABUNIA aus dem Unterpliozän von Aragonien auf.

P3 und P4 sind unvollständig erhalten. Ihre Länge beträgt ca. 23,5, ihre Breite ca. 22,5 mm. Ihre vordere Grube zeigt an der mesialen Seite 3—4 Falten und auf der distalen 8—9, die rückwärtige Grube 6—7 auf der mesialen und 2—3 auf der distalen Seite. Der Pli caballin verläuft dreieckig. Der Protoloph ist einfach, ebenso der Metaloph, von dem der Hypoconus nur durch einen sehr kleinen Sinus getrennt ist. Der Protoconus ist oval.

M1 und M2 (Taf. 1, Fig. 3—4) sind unvollständig erhalten. Sie haben eine Länge von ca. 22 mm und eine Breite von ca. 23 mm. Die vordere Grube zeigt 3 Emailfalten auf der mesialen und 6—7 auf der distalen Seite, von denen man 2—3 über dem Pli caballin sieht. Die rückwärtige Grube hat 7—8 Falten auf dem mesialen und nur 2—3 kleine Falten auf dem distalen Teil. Der

Pli caballin ist dreieckig. Protoloph und Metaloph sind unvollständig. Der Hypoconus ist vom Metaloph durch einen schwach angedeuteten Hypoconalsinus getrennt. Der Protoconus ist oval und leicht verlängert. Der M3 (Taf. 1, Fig. 3—4) ist zufriedenstellend erhalten, Länge 27,5, Breite 21,5 mm. Die vordere Grube zeigt 3 Emailfalten auf der mesialen und 6—7 auf der distalen Seite, von denen 2 über dem Pli caballin liegen; die rückwärtige Grube hat 6—7 Falten auf der mesialen und 3 tiefe Falten auf der distalen Seite. Der Pli caballin ist dreieckig. Der Protoloph ist schmal verlängert, der Metaloph ebenfalls eng; der Hypoconus ist durch einen tiefen Sinus von ihm getrennt. Der Protoconus ist verlängert.

Die beschriebenen Molaren zeigen also kräftige Fältelung, wie man sie nur bei wenigen Hipparionarten kennt, wie bei *H. sebastopolitanum* der Krim, *H. giganteum* von Grebeniki, *H. primigenium* von Eppelsheim und *H. koenigswaldi* von Aragonien. Die obere Backenzahnlänge P2—M3 beträgt bei *H. sebastopolitanum* 145 mm, bei *H. giganteum* 147—161 mm, bei *H. primigenium* 156—158 und bei *H. koenigswaldi* 165—174 mm. Daraus ergibt sich bereits außer anderen Unterschieden, daß unsere Form nur zu *H. sebastopolitanum* Borrisiak gehören kann, dessen Backenzahnlänge sich von allen anderen Hipparionen unterscheidet.

3. Der natürliche Endocranialausguß

In der paläontologischen Literatur sind bisher wenige Schädelausgüsse von Hipparionen beschrieben, obwohl sie eine wichtige Rolle in der Stammesgeschichte der Pferde spielen. T. Edinger gab 1948 einen Überblick. Es sind im ganzen 3 Exemplare. Den ersten hat Lartet 1868 aus den Pikermischichten bekannt gemacht, Edinger 1928 und 1948 als *H. matthewi* Abel beschrieben. Der zweite von Cimislia wurde 1934 von Simionescu als *H. gracile* und 1948 von Edinger mit Abb. 18 B beschrieben. Einen dritten von Samos hat Edinger 1928 und 1948 mit Abb. 18 A als *H. gracile* beschrieben. Inzwischen hat Gabunia 1959 eine größere Zahl natürlicher Schädelausgüsse aus Südosteuropa als *H. gromovae* Gab. (non Villalta & Crusafont), *H. eldaricum* Gab. und *H. garedzicum* Gab. beschrieben.

In Rumänien wurde der erste vollständigere, natürliche Schädelausguß an der Basis des Maeot in den Bergen von Vrancea gefunden und 1959 von Barbu & Alexandrescu als *H. gracile* beschrieben; möglicherweise gehört er aber einer anderen Hipparionart an.

Nach diesen wenigen Funden ist ein weiterer, noch dazu in Verbindung mit dem Schädel sicher von Interesse.

Der Endocranialsteinkern besteht aus hartem, eisenhaltigem Quarzsand, der nur schwach zementiert ist. In ihm konnte Fräulein

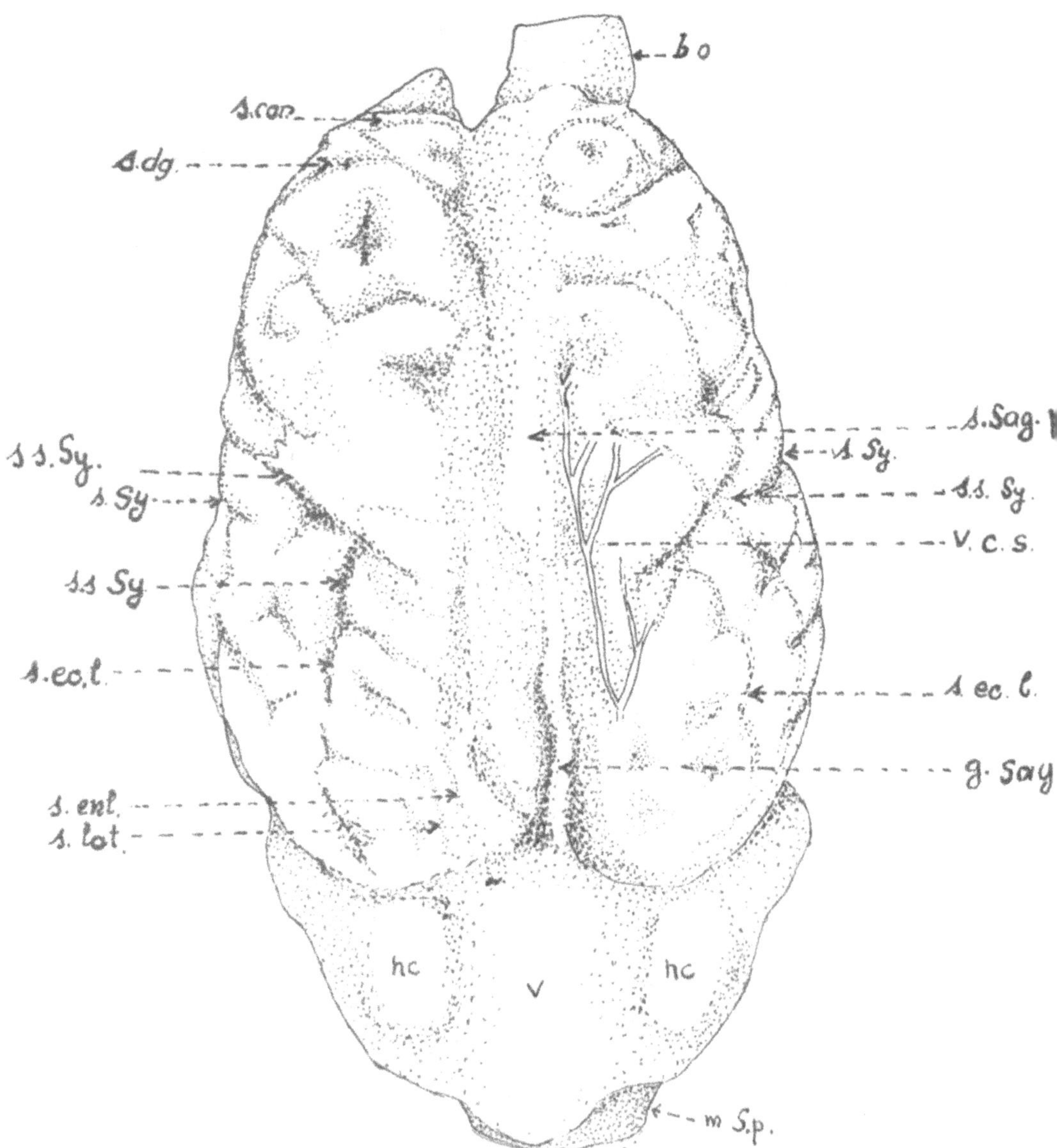

Abb. 1. Dorsalseite des natürlichen Endocranialausgusses. Verkl. Erläuterung s. S. 12.

BICA IONESI Sarmatforaminiferen, wie *Nonion granosum*, *Elphidium aculeatum*, *Lagena*, *Articulina* und *Globigerina* bestimmen, ferner einige Ostracoden und Otolithen. Alle entsprechen Arten des Sarmats der Umgebung.

Der Schädelausguß ist vollständig, aber leicht deformiert.

Länge total (Telencephalon + Cerebellum)	154 mm
Länge des Telencephalons allein	116 mm
Größte Breite im vorderen Bereich der Fossa sylvii	70 mm
Größte Breite im rückwärtigen Bereich der Fossa sylvii	82 mm
Größte Breite im vorderen Bereich des Cerebellums	76 mm
Maximalhöhe des Telencephalons im Bereich der Fossa sylvii	84 mm
Länge des Cerebellums	60 mm

Diese Maße sind etwas größer als jene bei *H. eldaricum*, aber sehr nahe jenen von *H. gromovae*, von *H. gracile* bei SIMIONESCU und von *H. gracile* bei BARBU & ALEXANDRESCU.

Die Oberseite (Taf. 2, Fig. 1, Abb. 1) ist verlängert — oval mit der größten Breite unmittelbar hinter der Fissura sylvia. Die beiden Hemisphären sind ungefähr gleich, vorne schmäler, rückwärts breiter. Sie lassen einige bedeutendere Windungen und Furchen deutlich erkennen. Besonders die Vertiefungen beider Hemisphären sind gut ausgeprägt; das läßt den Schluß zu, daß das Gehirn die ganze Gehirnkapsel ausgefüllt hatte. Der Verlauf dieser Vertiefungen, die Furchen und Windungen des Gehirnsteinkerns darstellen, ähnelt nur im allgemeinen jenem an anderen Schädelausgüssen von *Hipparion*, wie sie aus der Literatur bekannt sind. Diese mangelhafte Übereinstimmung steht wahrscheinlich in Zusammenhang mit der sonstigen morphologischen Verschiedenheit jeder Hipparionart, von der die Ausgüsse stammen, wie es übrigens bereits GABUNIA vermutet hat.

Auf der Seitenfläche der linken Hemisphäre sind die Windungen und Furchen viel deutlicher ausgeprägt als auf der rechten; diese zeigt in den occipitalen Teilen die Windungen und Furchen undeutlicher. Daraus folgern wir, daß während der Steinkernbildung der Schädel auf der linken Seite gelegen war, so daß sich die Skulptur dieser Seite besser abgedrückt hat. Hier haben sich auch manche Blutgefäße der Gehirnhaut abgedrückt, wie z. B. der Verlauf der Vena cerebri superior (= dorsalis). Zwischen den beiden Hemisphären sieht man den Sinus sagittalis parietalis, der im vorderen Teile besser ausgeprägt ist. In der Verlängerung der Fissura sagittalis sieht man den Sinus venosus. Diesem entlang erkennt man den Gyrus sagittalis und parallel zu diesem den Sulcus endolateralis und den Sulcus lateralis.

Weiter vorne, vorne und seitlich von den erwähnten Furchen, sieht man den Sulcus suprasylvius. Noch weiter vorne kann man

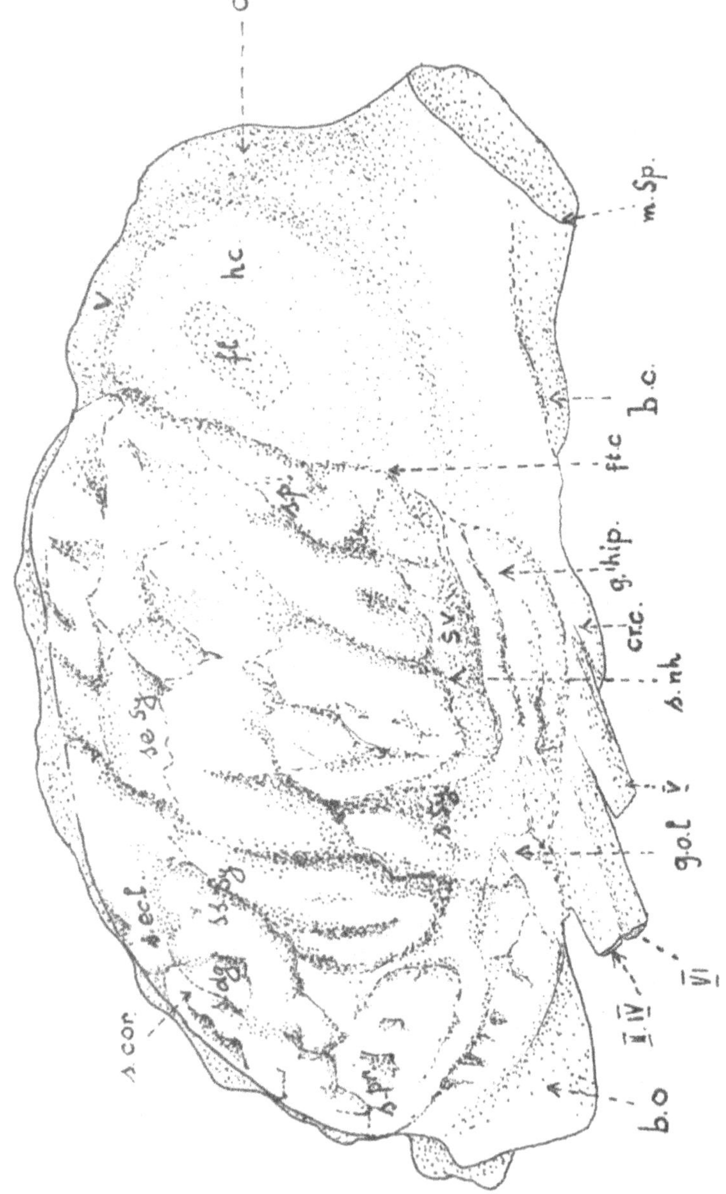

Abb. 2. Wie Abb. 1, linke Seite.

den Sulcus diagonalis und vor diesem den Sulcus coronalis erkennen. An beiden Hemisphären sind die Bulbi olfactorii erhalten. Vor ihnen liegt das Chiasma opticum (Abb. 4). Auf der linken Seitenfläche (Taf. 3, Fig. 2, Taf. 4, Fig. 1) bemerkt man im

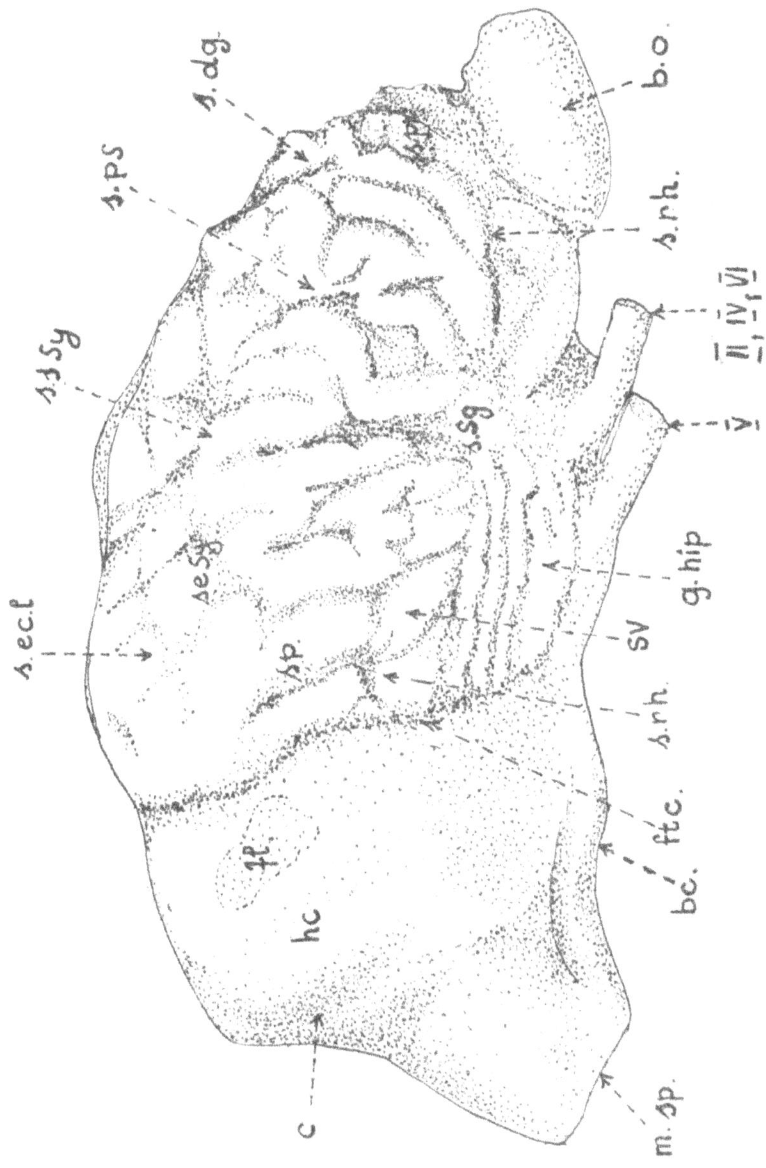

Abb. 3. Wie Abb. 1, rechte Seite.

occipitalen Teile, daß die Fissura telo-diencephalica nur schwach schräg verläuft, so daß das Cerebellum vom Telencephalon nur wenig überdeckt wird (Abb. 2—3). Im Zentrum der Seitenfläche befindet sich der Sulcus sylvii, an dem man die drei Verzweigungen (Ramus nasalis, R. aciminus und R. caudalis) erkennen kann. Am Unterrande liegt der Sulcus rhinalis, dessen vorderer Teil ge-

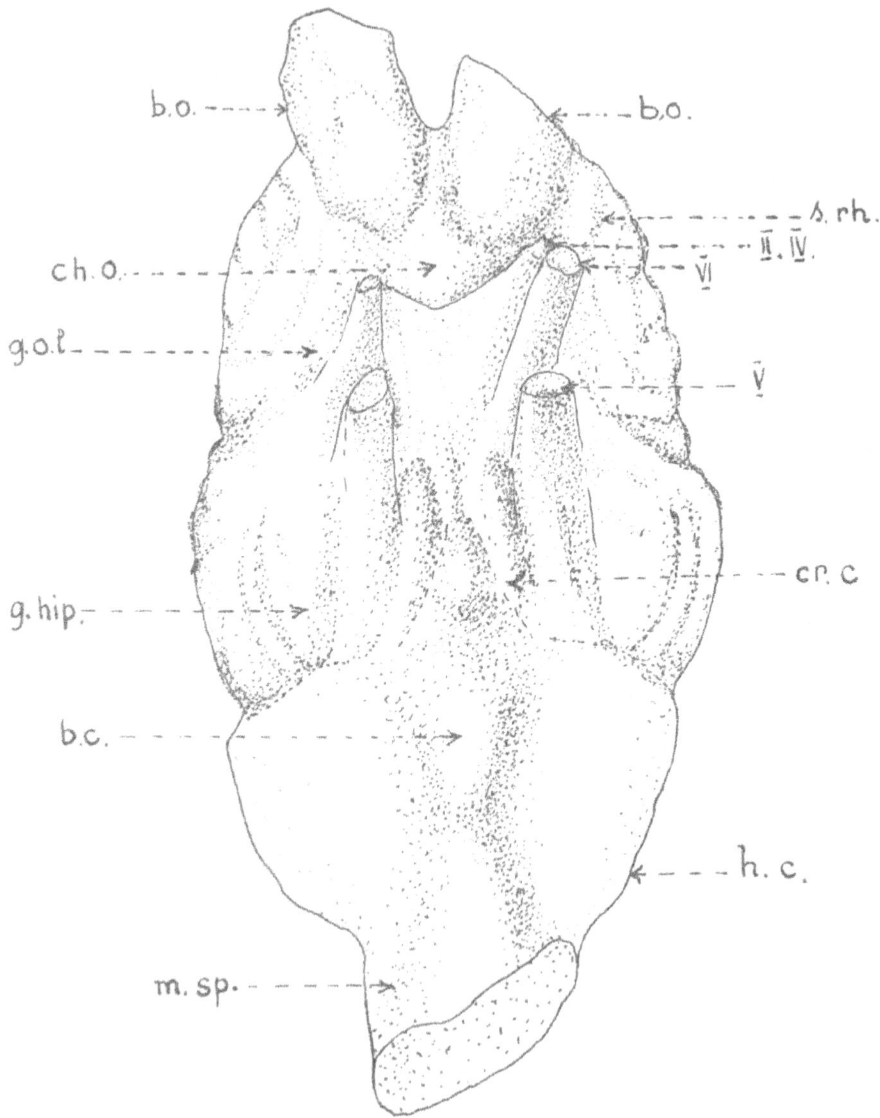

Abb. 4. Wie Abb. 1, Ventralansicht.

krümmt ist, während der rückwärtige Teil, der sich hinter dem Sulcus sylvius befindet, fast gerade verläuft. Parallel und unter dem Sulcus rhinalis liegt der Sinus venosus, unter dem sich der Lobus pyriformis (= Gyrus hippocampi) befindet. Gegen den vorderen Teil der Fissura rhinalis befinden sich die Riechlappen, gegen den rückwärtigen Teil des Lobus pyriformis die Fortsetzungen der Kopfnerven II, IV und VI sichtbar sind und unter diesen noch die Fortsetzung des V (Trigeminus).

Weiters kann man auch hier die anderen, bereits besprochenen Furchen beobachten, wie den Sulcus ectolateralis, den S. suprasylvius, den S. praesylvius, den S. diagonalis und den S. coronalis. Gegen den vorderen Teil unterscheidet man den Sulcus prorae und gegen rückwärts den Sulcus posticus.

Die Unterseite (Taf. 4, Fig. 2) zeigt am Vorderrande der Fissura sylvii die Fissura rhinalis anteriora, die das Neopallium vom Rhinencephalon trennt. Im vorderen Teile sieht man auch die Bulbi olfactorii und unmittelbar vor ihnen den Ort des Chiasma opticum (Abb. 4). Unmittelbar vor diesem sieht man die Verlängerungen der Kopfnerven II, IV und VI sowie des V. Seitlich vom Trigeminus liegt der Lobus pyriformis, der sich vorne in den Gyrus olfactorius lateralis verlängert. An der Basis der Verlängerung des Trigeminus sieht man die Crura cerebralia und in deren Verlängerung den Bulbus cerebri. Hinter den Bulbi cerebri beginnt die Medulla oblongata.

Zwischen dem Kleinhirn (Cerebellum) und dem Telencephalon befindet sich ein knöchernes Tentorium, das in die Fissura telodiencephali eindringt. Der mittlere Teil (Vermis) ist niedriger, während sich die seitlichen Teile dorsal weiter empor erstrecken; sie stellen die Kleinhirnhälften dar. Die Oberflächen des Vermis und der Kleinhirnhälften sind uneben, aber man kann auf ihnen weder Loben des Vermis noch Lobulae der Kleinhirnhälften unterscheiden. Dagegen läßt sich auf den Seiten der Flocculus (Abb. 2—3) erkennen.

Folgerungen

Der beschriebene Schädelausguß von *Hipparion sebastopolitanum* Borissiak unterscheidet sich von den anderen, aus der Literatur bekannten Hippariongehirnsteinkernen merklich, von jenen der rezenten Pferde dagegen deutlich. Gewiß kann man auch von einer allgemeinen Ähnlichkeit der Hipparionengehirne untereinander sprechen und ebenso von einer gewissen Ähnlichkeit dieser zusammen mit den Pferdegehirnen. Aber man kann nicht von einer Übereinstimmung der Gehirnwindungen und Furchen bei den Hipparionen und der Pferdegruppe sprechen. Jede der beiden Typen hat ihre Eigentümlichkeiten trotz allgemeiner Ähnlichkeit.

Der beschriebene Schädelausguß gibt die Innenseite der Schädelkapsel, die wir ja kennen, getreu wieder. Daraus ergibt sich, daß auch die anderen, früher beschriebenen Schädelausgüsse von Hipparionen die Windungen und Furchen wirklichkeitsgetreu wiedergeben. Daher stimmen wir nicht mit BARBU & ALEXANDRESCU überein, daß die Schädelausgüsse der Hipparionen weniger kompliziert erscheinen, als sie in Wirklichkeit waren. Unserer Ansicht nach sind sie vielmehr wirklichkeitsgetreu. Als Beweis haben wir einen Gipsausguß der Schädelkapsel unseres Exemplares hergestellt (Taf. 3, Fig. 1). Wir folgern vielmehr, daß GABUNIA recht hat, wenn sie annimmt, daß das Gehirnrelief der Hipparionen schwächer entwickelt ist, als jenes der Pferde. GABUNIA meint, daß die Hauptwindungen des Hipparionengehirns zum großen Teil mit jenen des Pferdes übereinstimmen, daß aber die Sekundärwindungen viel weniger zahlreich waren, als beim Pferd. Die Tatsache, daß man am Hipparionengehirnsteinkern weniger Windungen sieht als am Gehirn des rezenten Pferdes, war bereits LARTET 1868 bekannt und wurde an dem Pikermischädel beschrieben, der nach GABUNIA zu *H. mediterraneum* GERVAIS zu stellen ist. Dieser Meinung hat zwar Frau T. EDINGER widersprochen (1929 und 1948), weil der betreffende Schädelausguß ihrer Meinung nach zu schlecht erhalten ist. Ferner beobachtete EDINGER, daß das Hippariongehirn von Samos (das nach GABUNIA zu *H. proboscideum* gehört) mehr Windungen aufweist als das SIMIONESCUS von Cimislia (das GABUNIA zu *H. tudorovense* GAB. stellt). Aber dieser Unterschied wäre nach EDINGER nicht bedeutender als jener zwischen Pferdegehirnen.

GABUNIA fand dagegen bei *H. eldaricum* GAB. aus dem Obersarmat die Entwicklung der Gehirnwindungen geringer als bei *H. gromovae* GAB. aus dem Maeot. Sie schließt daraus, daß das erstere, zugleich ältere, noch weniger spezialisiert war als das letztere, jüngere. GABUNIA nimmt also an, daß in großen Zügen das Großhirn von *Hipparion* weniger entwickelt war als jenes von *Equus*. Aber GABUNIA teilt die weitgehenden Schlüsse von SIMIONESCU nicht, weil es keinen Beweis für die cyto-architektonische Differenzierung des Neocortex bei fossilen Schädelausgüssen gibt. Aus diesem Grunde können wir über die niedrigere oder höhere Gehirnentwicklung von *Hipparion* gegenüber den echten Pferden nichts aussagen.

Literatur

BARBU, V. & ALEXANDRESCU, G.: Sur un moulage naturel endocranien d'Hipparion. — Studii si Cercet. Geol. Acad. R. P. Romaniei, *4*. Bucuresti 1959.

BORISSIAK, A.: Mammifères fossiles de Sebastopol. — Mem. Com. Géol. *87*, St. Petersburg 1914.

EDINGER, T.: Über einige fossile Gehirne. — Palaeont. Z., *9*, 379—402. Berlin 1928.

— Die fossilen Gehirne. — Ergebn. Anatomie u. Entwicklungsgesch. *28*, 249 S. Berlin 1929.

— Evolution of the horse brain. — Mem. geol. Soc. America, *25*. 174 S., 3 Taf. Baltimore 1948.

GABUNIA, L. K.: Kistorii Gipparionov. — Akad. Nauk. Gruz. 3. S. R. Moskau 1959.

GROMOVA, V.: Gipparioni (rod Hipparion). — Akad. Nauk. S. S. S. R., Moskau 1952.

LARTET, E.: De quelques cas de progression organique vérifiables dans la succession des temps géologiques. — C. r. Acad. sci., *66*, 1119—1122, Paris 1868.

MACAROVICI, N.: Mammifères fossiles du Sarmatien de Păun-Jaşi. — An. St. Univ. Al. I. Cuza, (2) *4*, 143—154, 2 Taf. Jaşi 1958.

PSARIANOS, P. & THENIUS, E.: Ein fossiles Cerviden-„Gehirn" aus dem Quartär des Peloponnes. — Ann. géol. Pays Helléniques, *6*, 13—32, Taf. 1—3. Athen 1954.

SIMIONESCU, I.: Sur quelques cerveaux fossiles du Néogène de Roumanie. — Bull. Soc. Roumaine de Géologie, *2*, 162—172. Bucuresti 1934.

SONDAAR, P.: Les Hipparions de l'Aragon meridional. — Estud. geol. Inst. investigac. geol. Lucas Mallada, *17*, fasc. 3—4. Madrid 1961.

THENIUS, E. & HOFER, H.: Stammesgeschichte der Säugetiere. — Springer-Verlag, VI + 322 S. Heidelberg 1960.

Tafelerklärung

Tafel 1

Fig. 1. *Hipparion sebastopolitanum* BORISSIAK, Păun-Jaşi, I 1—I 2, dext. $^2/_3$ nat. Gr.
Fig. 2. Dasselbe, linkes Maxillare. $^2/_3$ nat. Gr.
Fig. 3. Dasselbe, P 2—M 3, sin. $^2/_3$ nat. Gr.
Fig. 4. Dasselbe, P 3—M 3, dext. $^8/_{10}$ nat. Gr.

Tafel 2

Fig. 1. *Hipparion sebastopolitanum* BORISSIAK, Păun-Jaşi, Dorsalseite des natürlichen Endocranialausgusses. $^2/_3$ nat. Gr.

Tafel 3

Fig. 1. *Hipparion sebastopolitanum* BORISSIAK, Păun-Jaşi, künstlicher Ausguß der Innenseite der Schädeldecke, linke Seite. Etwa nat. Gr.
Fig. 2. Dasselbe, natürlicher Endocranialausguß, linke Seite. Etwa $^2/_3$ nat. Gr.

Tafel 4

Fig. 1. *Hipparion sebastopolitanum* BORISSIAK, Păun-Jaşi, natürlicher Endocranialausguß, rechte Seite. Etwa $^{2}/_{3}$ nat. Gr.

Fig. 2. Dasselbe, Ventralseite. Etwa $^{2}/_{3}$ nat. Gr. Original im Geologisch-Palaeontologischen Institut der Universität Jaşi.

Erläuterung

(zu allen Textabbildungen):

b. c. = bulbus cerebri — b. o. = bulbus olfactorius — c = cerebellum — ch. o. = chiasma opticum — cr. c. = crura cerebralis — fl. = flocculus — f. t. d. = fissura transversa cerebelli — g. hip. = gyrus hippocampi (lobus piriformis) — g. o. l. = gyrus olfactorius lateralis — g. sag. = gyrus sagittalis — h. c. = hemisphaerium cerebelli — m. sp. = medulla spinalis (oblongata) — s. cor. = sulcus coronalis — s. dg. = sulcus diagonalis — s. ec. l. = s. ectolateralis — s. enl. = s. endolateralis — s. e. Sy = s. ectosylvius — s. lat. = s. lateralis — s. p. = s. posticus — s. pr. = s. prorae — s. p. S. = s. praesylvius — s. rh. = s. rhinalis — s. sag. p. = sinus sagittalis parietalis — s. s. Sy = s. suprasylvius — s. Sy. = s. Sylvius — s. v. = sinus venosus — v = vermis — V = nervus trigeminus — II, IV, VI = Hirnnerven.

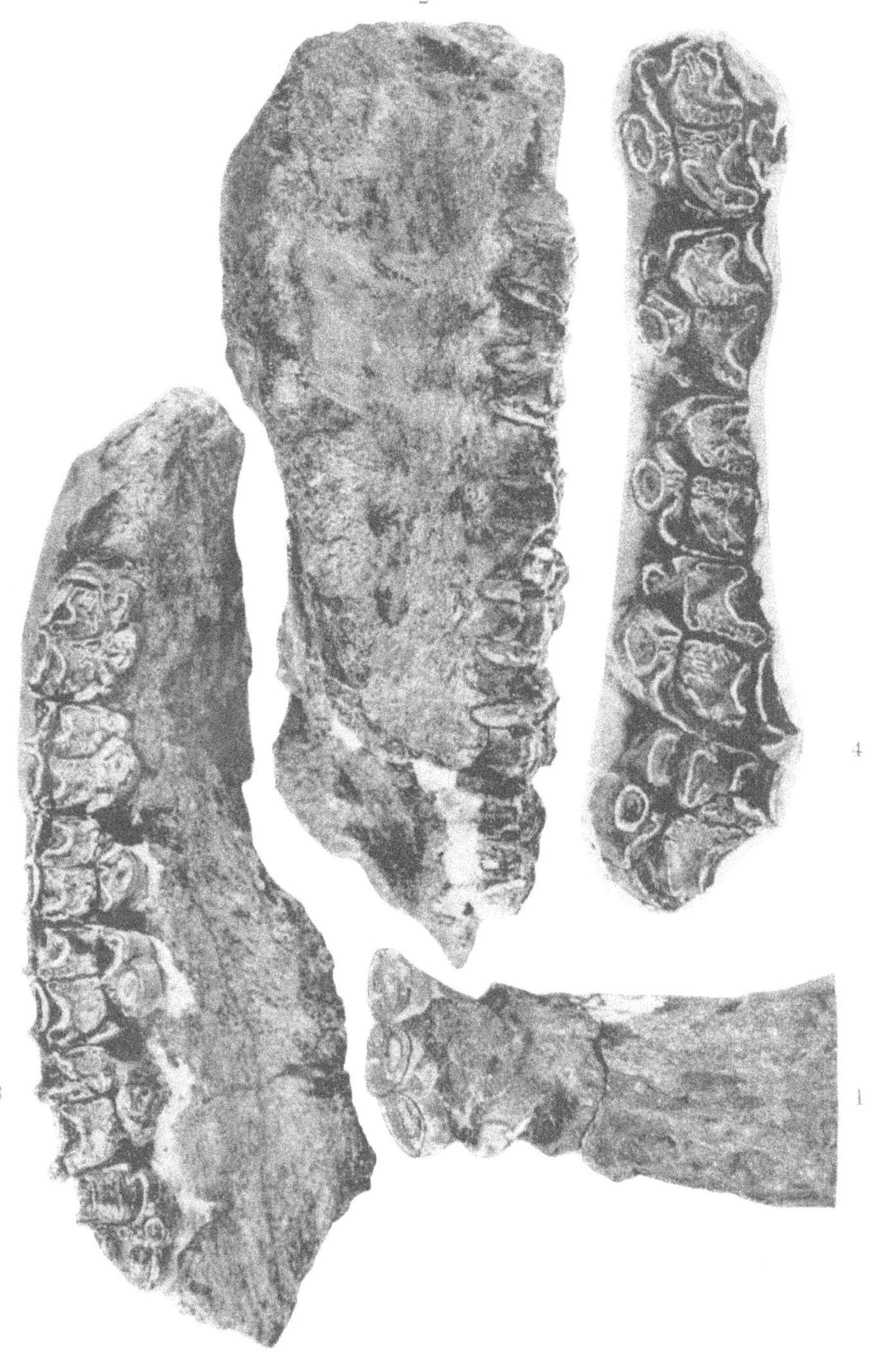
2
4
3
1

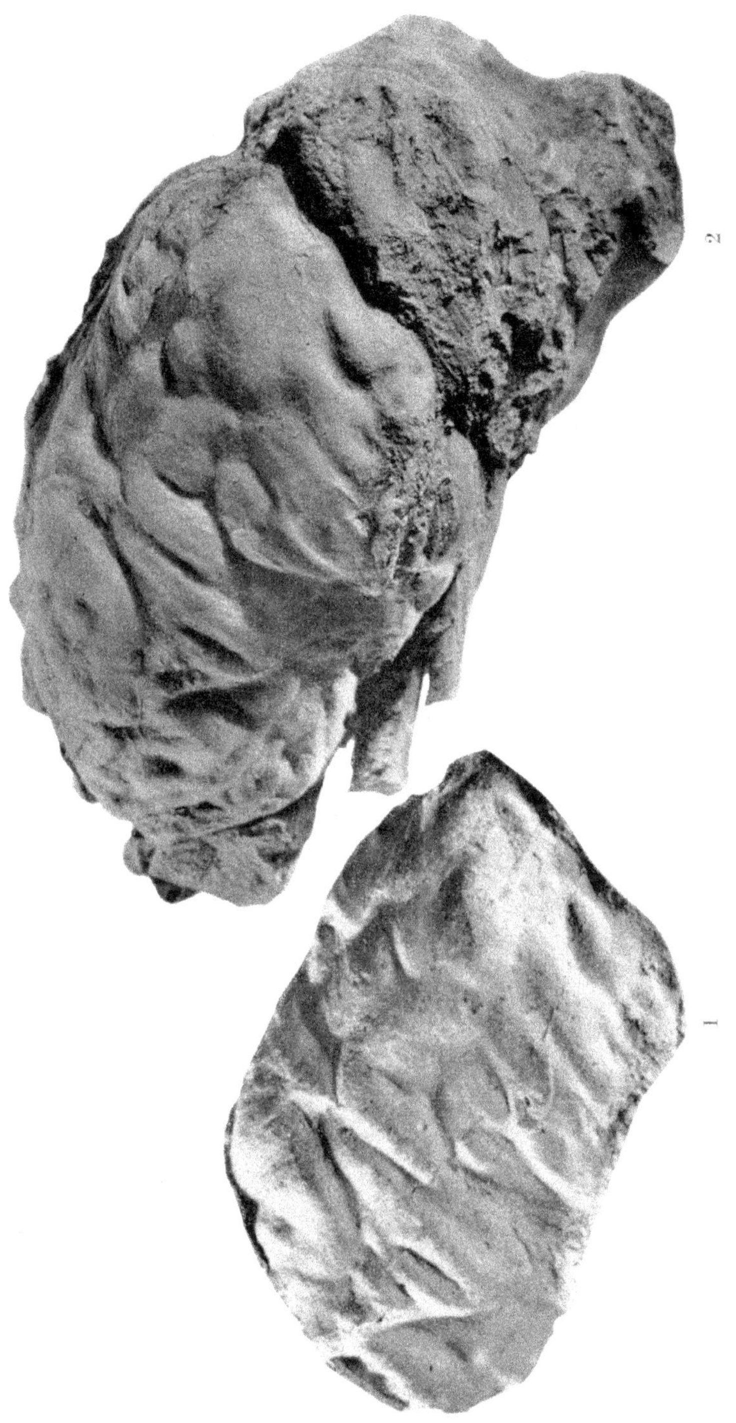
2
1

1957 (S I Bd. 166):

Ehrenberg K.: Berichte über Ausgrabungen in der Salzofenhöhle im Toten Gebirge. VIII. Bemerkungen zu den Ergebnissen der Sedimentuntersuchungen von Elisabeth Schmid. S 5.80

Schmid Elisabeth: Von den Sedimenten der Salzofenhöhle (mit 1 Textabbildung und 1 Beilage) S 14.—

Zapfe H. und Hürzeler J.: Die Fauna der miozänen Spaltenfüllung von Neudorf a. d. M. (ČSR). Primates (mit 1 Tafel). S 10.20

1958 (S I Bd. 167):

Bakalow P., Kühn N. und Sachariewa K.: Die Trias von Kotel (Ost-Balkan). I. Die unterkarnische Ammonitenfauna von Kotel (mit 4 Textabbildungen und 2 Tafeln). S 20.80

Bobies A. Carl: Bryozoenstudien III/2. Die Horneridae (Bryozoa) des Tortons im Wiener und Eisenstädter Becken (mit 3 Tafeln). S 20.70

Tiedt Liselotte: Die Nerineen der österreichischen Gosauschichten (mit 13 Textabbildungen und 3 Tafeln). S 29.60

1959 (S I Bd. 168):

Bachmayer F.: Neue Crustaceen aus dem Jura von Stremberg (ČSR) (mit 2 Tafeln). S 13.50

Kühn O. und Pejović D.: Zwei neue Rudisten aus Westserbien (mit 4 Textabbildungen und 4 Tafeln). S 17.80

Pokorny Gerhard: Die Actaeonellen der Gosauformation (mit 1 Textabbildung und 2 Tafeln). S 31.20

1960 (S I Bd. 169):

Bachmayer F.: Insektenreste aus den Congerienschichten (Pannon) von Brunn-Vösendorf (südl. von Wien), Niederösterreich (mit 2 Tafeln und 8 Abbildungen). S 8.30

Schaffer H.: Interessante obereozäne Echinidenarten aus Bruderndorf (Niederösterreich) und Oberitalien (mit 7 Textabbildungen). S 11.—

1961 (S I Bd. 170):

Bachmayer F.: Neue Insektenfunde aus dem österreichischen Tertiär (Brunn-Vösendorf bei Wien und Weingraben im Burgenland) (mit 2 Textabbildungen und 4 Tafeln). S 170—9, S 13.60

Bernhauser A.: Zur Knochen- und Zahnhistologie von Latimeria chalumnae Smith und einiger Fossilformen (mit 17 Textabbildungen). S 170—6, S 19.40

Ehrenberg K. und Ruckensteiner E.: Bericht über Ausgrabungen in der Salzofenhöhle im Toten Gebirge XIII. Paläopathologische Funde und ihre Deutung auf Grund von Röntgenuntersuchungen (mit 10 Tafeln). S 170—23, S 39.—

Flügel E.: Bryozoen aus den Zlambach-Schichten (Rhät.) des Salzkammergutes, Österreich (mit 3 Textabbildungen und 3 Tafeln). S 170—25, S 20.—

Rutsch R. F. und Steininger F.: Eine neue Pecten-Art aus dem Typus-Profil des Helvétien südlich von Bern (Schweiz) (mit 4 Textabbildungen und 1 Tafel). 170—10, S 18.—

Schaffer H.: Brissus (Allobrissus) miocaenicus, eine neue Echinidenart aus dem Torton Mühlendorf (Burgenland) (mit 1 Textabbildung und zwei Tafeln). S 170—8, S 13.20

Zapfe H.: Ergebnisse einer Untersuchung der Austriacopithecus-Reste aus dem Mittelmiozän von Klein-Hadersdorf, NÖ. und eines neuen Primatenfundes aus der Molasse von Trimmelkam, OÖ. S 170—7, S 9.30

1962 (S I Bd. 171):

Schmid Manfred, E., Die Foraminiferenfauna des Bruderndorfer Feinsandes (Danien) von Haidhof bei Ernstbrunn, NÖ. 171–18, S 86.–

GPSR Compliance
The European Union's (EU) General Product Safety Regulation (GPSR) is a set of rules that requires consumer products to be safe and our obligations to ensure this.

If you have any concerns about our products, you can contact us on

ProductSafety@springernature.com

In case Publisher is established outside the EU, the EU authorized representative is:

Springer Nature Customer Service Center GmbH
Europaplatz 3
69115 Heidelberg, Germany

www.ingramcontent.com/pod-product-compliance
Ingram Content Group UK Ltd.
Pitfield, Milton Keynes, MK11 3LW, UK
UKHW021927190726
13853UKWH00002B/891
* 9 7 8 3 6 6 2 2 3 8 6 8 4 *